BEI GRIN MACHT SICH IHR WISSEN BEZAHLT

- Wir veröffentlichen Ihre Hausarbeit, Bachelor- und Masterarbeit

- Ihr eigenes eBook und Buch - weltweit in allen wichtigen Shops

- Verdienen Sie an jedem Verkauf

Jetzt bei www.GRIN.com hochladen und kostenlos publizieren

Nele Grubelnik

Das Klima der Karibik

GRIN Verlag

Bibliografische Information der Deutschen Nationalbibliothek:

Die Deutsche Bibliothek verzeichnet diese Publikation in der Deutschen National-
bibliografie; detaillierte bibliografische Daten sind im Internet über http://dnb.d-
nb.de/ abrufbar.

Impressum:

Copyright © 2004 GRIN Verlag GmbH
Druck und Bindung: Books on Demand GmbH, Norderstedt Germany
ISBN: 978-3-640-20358-1

Dieses Buch bei GRIN:

http://www.grin.com/de/e-book/45771/das-klima-der-karibik

GRIN - Your knowledge has value

Der GRIN Verlag publiziert seit 1998 wissenschaftliche Arbeiten von Studenten, Hochschullehrern und anderen Akademikern als eBook und gedrucktes Buch. Die Verlagswebsite www.grin.com ist die ideale Plattform zur Veröffentlichung von Hausarbeiten, Abschlussarbeiten, wissenschaftlichen Aufsätzen, Dissertationen und Fachbüchern.

Besuchen Sie uns im Internet:

http://www.grin.com/

http://www.facebook.com/grincom

http://www.twitter.com/grin_com

Das Klima der karibischen Inselwelt

Hausarbeit

an der Universität Paderborn
Fakultät für Kulturwissenschaften

Studiengang Geographie – Tourismus / Semester 6

Paderborn den 12.01.2004

Inhaltsverzeichnis

Abbildungsverzeichnis

1. Einleitung

Das Klima der karibischen Inselwelt wird von der tropischen und ozeanischen Lage, den Nordostpassaten und Westwinden, sowie von der topographischen Beschaffenheit der Insel bestimmt. Für alle Inseln charakteristisch sind die hohen Temperaturen, die nur geringe Jahres- und Tagesschwankungen zulassen. Anstelle thermischer Jahreszeiten gibt es für alle Inseln eine relative Trocken- und eine Regenzeit, die aber je nach Lage und Beschaffenheit der Insel sehr unterschiedlich ausgeprägt ist. Im Folgenden möchte ich vorerst auf die wesentlichen Bestimmungsfaktoren des Klimas der Karibik näher eingehen, daraufhin eine Unterteilung der Inseln in drei Hauptgruppen vornehmen und einige Fallbeispiele einzelner Inseln vorstellen. Zuletzt werde ich dann auf das Phänomen der Hurrikane eingehen.

2. Der Charakter des karibischen Klimas und seine wesentlichen Bestimmungsfaktoren

2.1 Die hygrischen Bedingungen

Die Karibische Inselwelt liegt in der äußeren Tropenzone und reicht bis zu den Randtropen. Nach der genetischen Klimaklassifikation von Flohn ist die karibische Inselwelt (zum Großteil) dem Wechselklima der äußeren Tropen zuzuordnen, welches im Sommer eine, von Westwinden „easterly waves" mit zenitalen Niederschlägen geprägte Regenzeit und im Winter eine von Ostpassaten geprägte Trockenzeit mit Luv- Seiten-Niederschlägen an den Ostseiten bringt. Die Trockenzeit verlängert sich mit wachsendem Abstand zum Äquator. (vgl. DIERKE 1999, S. 233/3)

Nach Troll und Paffen gehören alle gebirgigen Inseln der Karibik zu den immerfeuchten Regenklimaten. Bei dem Typ tropischer Regenklimate der Karibik, kommen zu den sommerlichen Zentralniederschlägen, in der winterlichen Passatzeit auflandige und an Gebirgen aufsteigende Advektivniederschläge hinzu. (vgl. Troll, C., 1955) Betrachtet man Abbildung 1, wird aber dennoch deutlich das, Teilregionen der großen Antillen dem Feuchtsavannenklima, mit 2 ½ bis 5 Monate Trockenzeit im Winter, angehören.

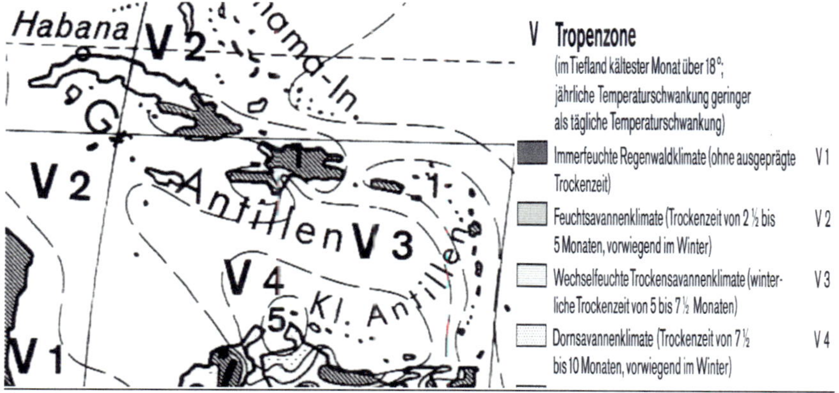

Quelle: Unsere Welt - Atlas, 1974

Die mittleren Niederschläge der flacher., kleinen Antillen sind teilweise extrem gering, sie nehmen betreffend dem karibischen Klima, eine Sonderstellung ein, auf die ich in den Kapite. „kleine Antillen" näher eingehen werde.

Trotz der Klassifikation „immerfeuchte Regenklimate", kann man das Klima der Karibik grob in eine relative Trockenzeit während der Wintermonate (Dezember/ Januar bis März) und eine Regenzeit während der Sommermonate (April bis November/Dezember) einteilen. (vgl Weischet, W., 1996) Dies äußert sich in den wesentlich höheren mittleren Monatsmitteln der Niederschläge in den Sommermonaten. (siehe Abb. 2)

Abbildung 2

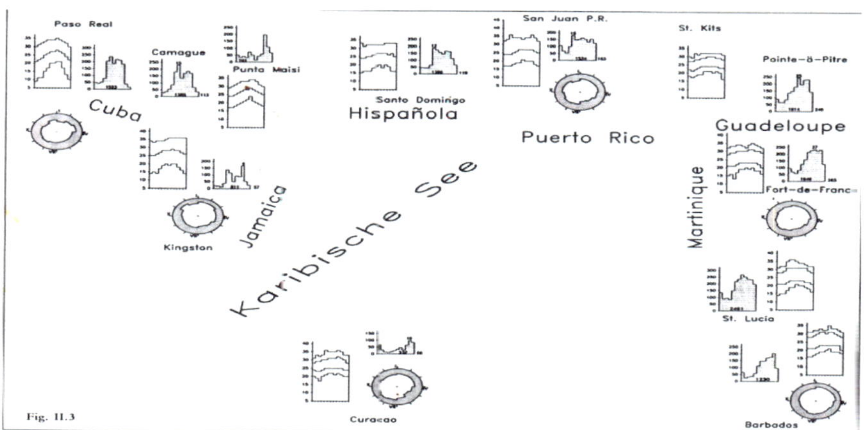

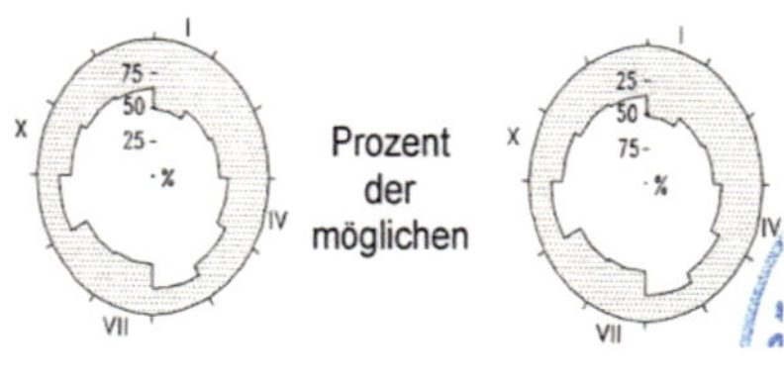

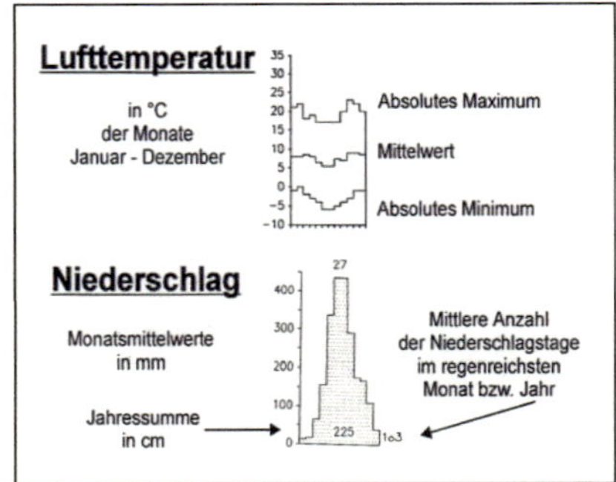

Quelle: Weischet, W., 1996, S. 243

Während die regenarme Zeit der großen Antillen noch von Dezember bis März reicht, ist sie auf den kleinen Antillen um den Dezember verkürzt. Außerdem ist die relative Trockenzeit (zumindest für die gebirgigen Inseln) niederschlagsreicher. Auch die Regenzeit der kleinen und großen Antillen unterscheidet sich. Während sich die Regenzeit der großen Antillen in ein Frühsommer- und ein Herbstmaximum unterteilen lässt, mit einem zwischengeschalteten Minimum im Hochsommer (meist Juli) „Veranillo del San Juan", ist diese Zweiteilung auf den kleinen Antillen nicht zu finden. Auch die mittleren Niederschlagsmengen der relativen Regenzeit sind höher.
Die relative Trockenzeit des Winters resultiert daraus das der antizyklonale Einfluss des Subtropenhochs im Winter relativ weit äquatorwärts reicht. Die antizyklonalen Absinkbewegungen der Luftmassen wirken sich schichtungsstabilisierend auf die Konvektionsfördernden Aufwärtsbewegungen der Luft aus. Zusätzlich ist die Wasserdampfaufnahme der Luft, in den karibischen Wintermonaten verhältnismäßig gering.

Die kleinen Antillen dagegen haben bereits eine größere Distanz zum Wirkungsbereich der subtropischen Antizyklone (Bermuda-Hoch), bzw. zu den absinkenden Luftmassen und der Schichtungsstabilität, dies erklärt die weniger stark ausgeprägte Trockenzeit. Das Ansteigen der mittleren Niederschlagsmengen läuft hier parallel mit dem Ansteigen der Dampfdruckwerte.

Im Sommer bewegt sich das Subtropenhoch polwärts (25 bis 30°N Breitenabschnitt). (siehe Abb. 3)

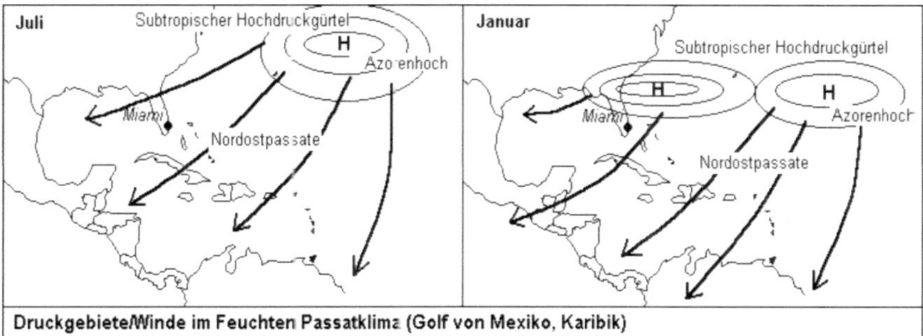

http://www.m-forkel.de/klima/fpassat.html

Mit Verminderung der antizyklonalen Strömungsbedingungen, werden auch die vertikalen Absinkbewegungen gemindert. Dies führt zur Aufhebung der Schichtungsstabilität der Luft, des Weiteren zur thermischen Konvektion und in der Folge zu konvektiven Niederschlägen. Auch der Wasserdampfeintrag in die Luft erhöht sich infolge von höherer Nettosonneneinstrahlung an der Wasseroberfläche, etwas höheren Wassertemperaturen, stärkerer Verdunstung und effektiverer Vertikalverteilung des Wasserdampfes in der nicht stabil geschichteten Luftmasse.
In den Sommermonaten ist mehrfach täglich, besonders an den Küsten und in den gebirgigen Teilen der Inseln, mit kurzen, heftigen Regenschauern zu rechnen.
In der Trockenzeit sind die hygrischen Verhältnisse der Inseln (noch stärker) von der Topographie, bzw. von topographisch erzwungenen Aufwärtsbewegungen der Luft abhängig, wobei die Ostseiten der bergigen Inseln (Luv-Seite des Berges) am stärksten beregnet sind.
Es gibt also, aufgrund der topographischen Bedingungen, teilweise extreme Unterschiede auf kurze Entfernung bezüglich der Regentage und der mittleren Niederschläge. Aus diesem Grund möchte ich auf entsprechende Angaben erst bei der differenzierten Betrachtung der einzelnen Inseln eingehen.

2.2 Die thermischen Bedingungen

Die durchschnittlichen Tagestemperaturen unterscheiden sich in der Regel kaum voneinander Die unterschiedliche Breitenlage der Inseln macht sich teilweise durch etwas tiefere Nachtemperaturen (beispielsweise etwa 5° Celsius Unterschied zwischen Nordkuba und Jamaika *Montego Bay*) bemerkbar. Etwas größere Unterschiede gibt es bei der Durchschnittwerten der absolut tiefsten Temperaturen, die in der Karibik gemessen wurden. Sie liegen in Nordkuba zwischen 7 und 8° Celsius (Jan. –März), schon ab der Nordküste Jamaikas wird 17°Celsius aber nicht mehr unter troffen. Dies ist auf die gelegentlichen Kaltlufteinbrüche aus dem Norden „Northers" zurückzuführen, die nur bis Kuba reichen. Die Mitteltemperaturen der Karibik liegen bei etwa 25° Celsius. Die Temperaturunterschiede zwischen den wärmsten und den kältesten Monat des Jahres liegt gerade mal bei 3 bis 5° Celsius, die Tagesschwankungen dagegen können, je nach Nähe einer Region zur Küste, 5 bis 12° Celsius betragen. Die durchschnittlichen Tagesmaxima der Sommertemperaturen liegen in der Regel bei über 30 (bis zu 37)° Celsius, die Tagesminima zwischen ca. 20 und 25° Celsius. Die durchschnittlichen Tagesmaxima bzw. -minima der Wintermonate liegen zwischen 26 und 30° Celsius bzw. zwischen 10 und 18° Celsius. Die Temperatur ist vom ganzjährig tropisch warmen Meer (24-28° Celsius Wassertemperatur) beeinflusst, die geringen Jahres- und Tagesschwankungen sind unter Anderem auf diesen Einfluss zurückzuführen.

Zu den hohen Tagestemperaturen, kommt ein hoher Partialdruck des Wasserdampfes mit Mittelwerten zwischen 23 und 25 Millibar in den Wintermonaten und 29 bis 30 Millibar in den Sommermonaten. Da 22 Millibar generell als Schwülegrenze angegeben werden, wird die Luft in der Karibik wenigstens für mehrere Stunden am Tag als eindeutig schwül empfunden.

3. Große Antillen/ Kleine Antillen: Die Inseln über dem Winde und die Inseln unter dem Winde

Abbildung 4

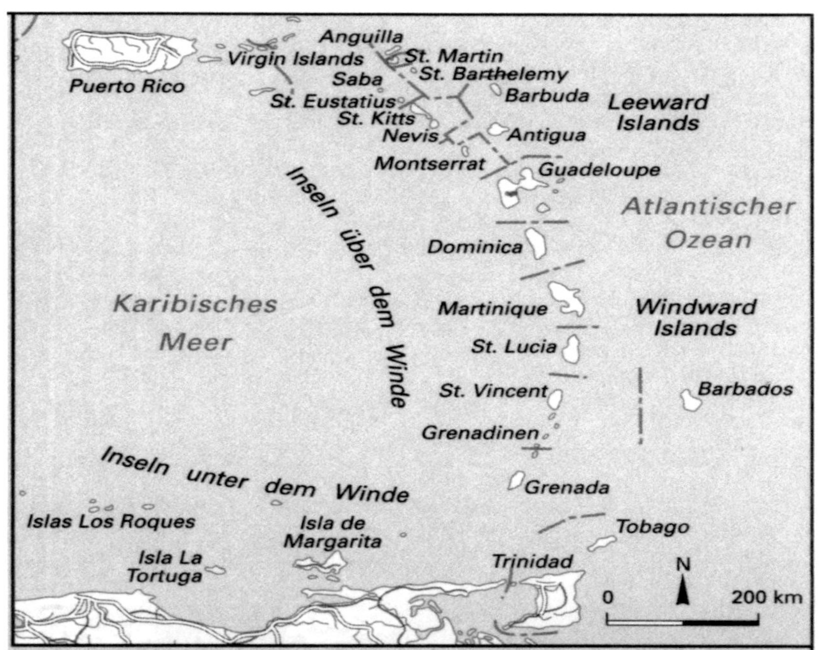

Quelle: Pinck, A. (1999), DuMont

3.1 <u>Große Antillen</u>

Die mittleren Tagestemperaturen liegen in den Sommermonaten zwischen 22 und 32° Celsius und in den Wintermonaten zwischen 17 und 30° Celsius. Die Jahresamplitude ist dementsprechend gering. (siehe auch Kap.) Entscheidend sind also die hygrischen Verhältnisse für den Jahresverlauf.

Bis auf das die mittleren Niederschlagsmengen durch den ständigen Einfluss feuchter Luftmassen vom Meer, recht hoch liegen, entspricht das hygrische Klima der Großen Antillen, den typischen hygrischen Jahreszeiten der Tropen. Die Menge der Niederschläge, fällt, durch die tägliche Erwärmung und durch das konvektive Aufsteigen der Luftschichten als so genannter Zenitalregen in den Sommermonaten. Es gibt aber, entsprechend dem Zweimaligen Zenitstand der Sonne am Äquator und dem einmaligem an den Wendekreisen, eine, mit Abstand zum Äquator kürzer werdende, sekundäre Trockenzeit etwa zur Sommersonnenwende. Die Spanier nannten diese kürzere Trockenzeit auf der Nordhalbkugel „Veranillo del San Juan". (vgl. Troll, C., 1963) Für die Großen Antillen, die randtropisch, nah an den Wendekreisen liegen, bedeutet das ein kurz anhaltendes, sekundäres Niederschlagsminimum meist im Juli.

Je nachdem wie regenarm eine Region der großen Antillen ist, fallen bis zu 95% (selten unter 85%) des Jahresniederschlags in den Monaten April bis November. Wie allerdings zuvor angedeutet, gibt es bedeutende Unterschiede bezüglich der Regenmengen auf kleinsten Raum:

3.1.1   Kuba:

Abbildung 5

Quelle: Langenbrinck, U. / Pinck, A. (2001), DuMont

Von Cabo Maisi an der Südost- bis Cabo Cruz an der Südwestecke liegen die mittleren Jahresniederschlagsmengen bei 900 mm. Unmittelbar nördlich dahinter bei Banes werden insgesamt 166 Regentage mit einer mittleren Menge zwischen 1200 und 1800 mm registriert. 100 km weiter im Nordwesten und von dort an die Küste entlang fallen nur noch an durchschnittlich 70 bis 80 Tagen Niederschläge mit Jahressummen zwischen 800 und 900 mm. Der größte Teil des mittleren Tieflandes weist 90 bis 100 Regentage und Jahressummen zwischen 1200 und 1600 mm auf. Da das Gebiet hier sehr starke Sonneneinstrahlung verzeichnet und relativ wolkenarm ist, liegen diese Niederschlagssummen hart an der Grenze der Aridität. Günstig wirkt sich die Konzentration des größten Teiles der Jahressumme auf die sechs Monate zwischen Mai und Oktober aus.

3.1.2 Hispanola (Haiti und Dominikanische Republik):

Abbildung 6

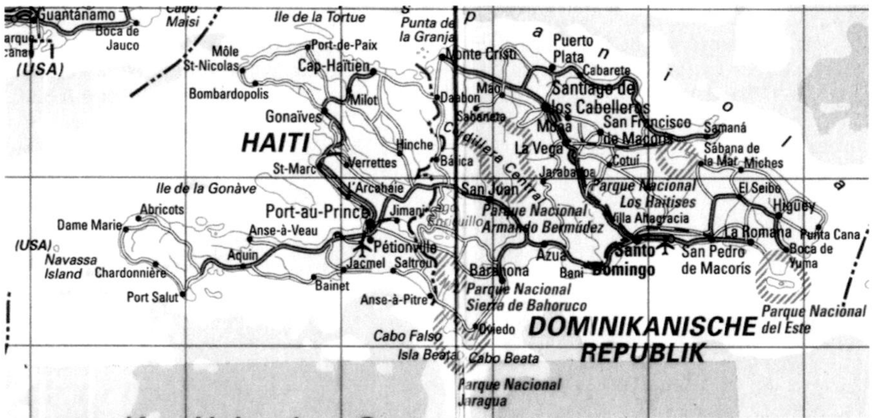

Quelle: Langenbrinck, U. / Pinck, A. (2001), DuMont

Hispanola als auch Jamaika (folgender Abschnitt) sind im Ganzen niederschlagsreicher als Kuba.

Charakteristisch für Hispanola sind der trockene Westteil der Insel um den Golf von Gonave mit nur 60 bis 65 Regentagen und Mengen zwischen 500 und 1000 mm und der regenreiche Teil um die Bahia de Samaná mit 180 bis 200 Regentagen und Mengen zwischen 2000 und 2500 mm. Der Grund für den extremen Unterschied ist eine Verstärkung des passatischen Luv / Lee-Effektes durch die, in der Mitte der Insel bis über 3000 m Hoch aufragende Cordillera Central. Santa Domingo, vor der Südostecke der Cordillera gelegen, hat bei nur 110 Regentagen eine mittlere Jahresmenge von 1400 mm und weist mit 225 mm im April und 508 mm im September mit die höchsten Tagessummen auf die in der Karibik gemessen wurden.

3.1.3 Jamaika:

Abbildung 7

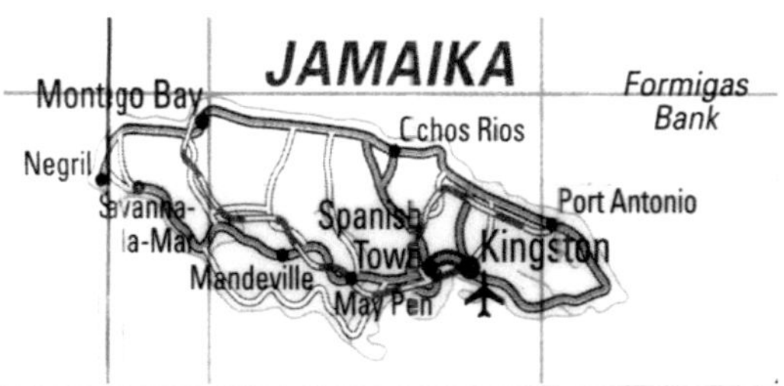

Quelle: Langenbrinck, U. / Pinck, A. (2001), DuMont

In Jamaika sind Niederschlagsunterschiede noch größer und engräumiger als auf Hispanola. Im Vorland der Blue Mountains, die 2250 m in die Höhe ragen, bringen rund 160 Regentage im Jahr Niederschläge zwischen 2000 und 3000 mm. Bis zu den Gipfelhöhen des Berglandes nehmen diese bis auf 7820 mm zu, dem absolut höchsten Wert der Großen Antillen. Auf der Südwestabdachung gehen die Mittelwerte bis zum Fuß des Berglandes auf weniger als 2000 mm bei rund 100 Regentagen zurück, und 50 km weiter in der Bucht von Kingston bleiben noch 60-80 Regentage und Jahresmengen von 800 und 900 mm. Trocken ist auch der westliche Teil der Nordküste, das Gebiet der berühmten Badestrände von Falmouth und Montego Bay. Hier gibt es nur 80 Regentage und etwas unter 1000 mm im Jahr, weniger als zusammengerechnet 130 mm in den Saisonmonaten Februar bis April. Im großen Rest der Insel regnet es an 110 bis 120 Tagen und es fallen mittlere Jahressummen zwischen 1300 und 2000 mm. Die sonnenreichen Trockengebiete sind also auf der Insel eng begrenzt.

3.1.4 Puerto Rico:

Abbildung 8

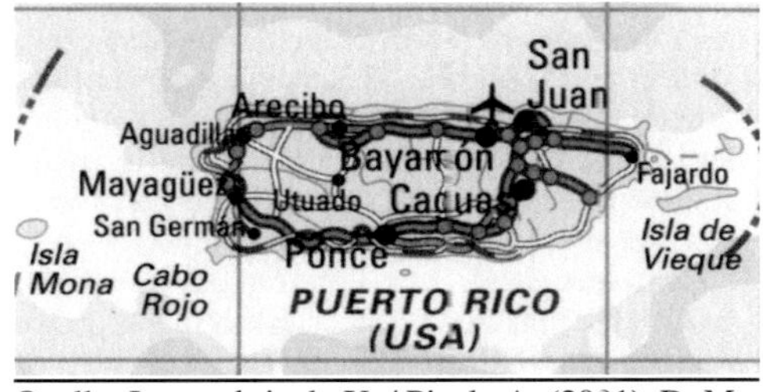

Quelle: Langenbrinck, U. / Pinck, A. (2001), DuMont

Das regenreichste Gebiet liegt an der Nordost-Ecke der Insel, hat 163 Regentage, eine mittlere Gesamtmenge von etwas über 1500 mm und eine relativ kurze Trockenzeit zwischen Februar und April, in der aber immer noch mit 10 Regentagen pro Monat und mittleren Monatsmengen von 65 bis 95 mm zu rechnen ist. Weiter nach Osten nimmt die Zahl der

Niederschlagstage auf über 200, die Jahresmenge auf 1800 bis 2400 mm, in höheren Lagen sogar auf über 4000 mm zu. Gegenüber, in dem mittleren und westlichen Abschnitt der Südküste, liegt das trockenste Gebiet der Insel. Weniger als 100 Regentage mit mittleren Niederschlagsmengen zwischen 800 und 1000 mm, dazu an manchen Stellen monatlich nur höchstens sechs Regentage in insgesamt 10 Monaten, prägen das Klima einer echten tropischen Sonnenküste. Das Bergland in den zentralen Teilen der Insel ist mit 150 bis 200 Regentagen und mittleren Jahresmengen zwischen 2000 und 2500 mm relativ feucht.

3.2 <u>Kleine Antillen – Die Inseln über dem Winde</u>

Die Temperaturen unterscheiden sich kaum von denen der großen Antillen, bemerkenswert sind nur die etwas niedrigeren Extremtemperaturen bzw. geringeren Tagesschwankungen. Mit ihnen einhergehen leicht geringere Mitteltemperaturen in den Sommermonaten. Dies ist ein Ausdruck der größeren thermischen Ozeanität. In Jamaika (Kingston) liegen hohe Extremwerte in den Monaten Mai bis September noch bei 37° Celsius, in Guadeloupe und Martinique hingegen bei 33° Celsius. Mittlere Tagestemperaturen von 26° Celsius werden auf den Kleinen Antillen nur in vier bis sechs Sommermonaten erreicht.
Die extremen Werte des Dampfdrucks sind für alle Inseln der Karibik ähnlich hoch. Die höchsten Mittelwerte im August und September sind mit 26 bis 28 Millibar auf den Inseln über dem Winde allerdings um 2 Millibar niedriger als auf den restlichen karibischen Inseln.

Die Inseln über dem Winde sind von den Virgin Islands bis Grenada luftfeuchter und niederschlagsreicher als die Großen Antillen. Dies ist unter Anderem auf den geringeren Einfluss der subtropischen Antizyklone im Sommer und dem hohem Feuchtegehalt der ständig dominierenden maritimen Tropikluft zurückzuführen. (vgl. Weischet, W., S 251) Doch auch bei den kleinen Antillen gibt es hinsichtlich der Niederschlagsmengen wesentliche Unterschiede von Insel zu Insel, auf den größeren auch auf den einzelnen Inseln selbst. Die ganzjährig relativ geringsten Monatsmittel weisen im Bereich der Inseln über dem Winde die Inseln im äußeren östlichen Bogen zwischen den Virgin Islands und Montserrat sowie Barbados auf. Auf diesen kleinen und relativ flachen Inseln werden die über dem Land entstandenen Konvektionswolken von der Passatströmung nach Lee verfrachtet und die Niederschläge gehen erst kurz vor der Küste und über dem Meer nieder. Die Jahressummen liegen hier zwischen 1000 und 1250 mm, der niederschlagsreichste Monat (meist September oder Oktober) überschreitet nur selten 170 mm. Die kurzen Distanzen des Regens über dem Land zum Meer, verstärken den Abfluss des Regenwassers, bevor es im Boden versickern kann. Die nassen Oberflächen unterliegen zudem bei der großen Einstrahlungsenergie, der hohen Lufttemperatur und ständigem Wind, extrem großer Verdunstung. Da sich, aufgrund des verkarsteten Kalkuntergrunds, auf den meisten Inseln nicht einmal ein geringer Grundwasserspiegel bilden kann, stellt die ausreichende Wasserversorgung ein ernsthaftes Problem für die genannten Inseln dar. Die Bevölkerung auf dem Lande ist darauf angewiesen, das Regenwasser von Dächern und Höfen in Zisternen zu sammeln. Auf einigen Inseln gibt es künstlich versiegelte Hänge, die Regenwasser zu bestimmten Sammelbecken führen sollen („rain harvesting"). Touristenhotels benötigen Seewasser–Entsalzungs-Anlagen.
Die durchgehend höchsten Monatsmittel und die größten Jahressummen verzeichnen die vulkanischen Inseln mit Gebirgscharakter von St.Kitts bis St. Vincent und Grenada. Das Jahresmittel beträgt an normal exponierten Orten über 2500 mm. Im niederschlagsreichsten Monat (Oktober oder November) fallen bis zu 350 mm.

Das wichtigste Charakteristikum der Inseln unter dem Winde, von Margarita im Osten bis Aruba im Westen, ist ihre Aridität. Die Hauptsumme der Niederschläge ist auf wenige Monate des borealen Winters konzentriert. Im regionalen Vergleich der Inseln untereinander nimmt die Trockenheit von Ost nach West zu.

„ In La Asunción auf Margarita fallen im Jahr bei 57 Niederschlagstagen im Mittel noch etwas über 700 mm. Die Hälfte dieser Menge (54%) ist konzentriert auf die Monate November bis Februar. Im Kralendijk (Bonaire) und Willemstad (Curacao) sind die mittleren Jahressummen noch 512 bzw. 570 mm bei 57 bzw. 72 Niederschlagstagen. Rund Zweidrittel der Jahresmenge fallen in den Monaten Oktober bis Januar." (Weischet, W.,1996, S. 259)

Die Mitteltemperaturen sind etwa 2 bis 3° Celsius höher als auf den Inseln über dem Winde. Das resultiert im Wesentlichen aus den höheren Nachttemperaturen, die mittleren Tagesmaxima hingegen unterscheiden sich kaum.

Der Dampfdruck ist mit einem minimalen Monatsmittel von 25 Millibar im Februar/ März (um 2 Millibar höher als bei den anderen karibischen Inseln) ständig sehr hoch und es muss durchgehend mit Schwülestress gerechnet werden. Es sei denn man bewegt sich im freien Gelände wo gute Windverhältnisse herrschen, denn die mittlere Windbewegung auf den Inseln unter dem Winde ist mit 6 bis 8 m/sec bemerkenswert hoch. Sie stehen ständig unter dem Einfluss des Ostpassats.

Die Ursachen der Niederschlagsarmut auf den Inseln unter dem Winde werden mit Hilfe der richtungskonstanten Ostwinde, der Reibungsdivergenz zu dem festlandsnahen Strömungsfeld und der Zunahme der Windgeschwindigkeit von Ost nach West erklärt. Dies hat eine vertikale Absinkkomponente in der Passatströmung zur Folge und das bedeutet, dass die Luftmassenschichtung stabil ist und konvektive Regenfälle verhindert werden. (vgl. Weischet, W., 1996, S. 260)

3. **Hurrikane**

Hurrikane treten in der Karibik im Allgemeinen in der Zeit von Juni bis November auf (am häufigsten im August und September). Von Mai bis Juli sind fast ausschließlich die karibischen Küstengebiete der Mittelamerikanischen Landbrücke betroffen, im Juli verlagert sich der Schwerpunkt auf die Kleinen Antillen, wobei auf den Inseln über dem Winde eine generelle Häufigkeitsabnahme von Norden nach Süden besteht. Die Inseln unter dem Winde bleiben hingegen immer außerhalb des Gefahrenbereichs. Im Durchschnitt kommt es im Jahr zu etwa fünf Hurrikanen.

Es sind tropische Zyklonen, die entstehen können wenn sich das Wasser des Atlantiks vor der afrikanischen Küste auf mindestens 26° Celsius erhitzt. Die feuchtwarme Luft über dem Meer steigt daraufhin auf, kühlt dabei ab und bildet riesige Wolkengebirge. Die Drehung der Erde versetzt die Luftströme, die sich in Richtung Westen bewegen, in Rotation, es bilden sich Wirbelstürme. Auf seinem Weg nach Westen gewinnt der Wirbelsturm zusätzlich an Energie aus den aufsteigenden Luftmassen des warmen Ozeans. Überschreitet er Windgeschwindigkeiten von 120 km/h wird aus dem Wirbelsturm ein Hurrikan. Einzelne Windstöße können über 300 km/h erreichen. Absolut windstill ist es dagegen im „Auge" eines Hurrikans, dessen Wolkenwirbel auf bis zu 500 km Durchmesser anwachsen kann. Doch nicht jeder Wirbelsturm wächst sich zu einem Hurrikan aus.

Ein Hurrikane bzw. Wirbelsturm schiebt eine riesige Flutwelle vor sich her. Trifft er auf Land kann dies große Schäden anrichten. Über dem Land kommt es zu Orkanböen und Wolkenausbrüchen mit verheerenden Folgen. Die Windgeschwindigkeiten und Regenmengen sind von Fall zu Fall verschieden, aber selbst wenn die Windgeschwindigkeiten relativ gering sind, können die Regenmengen doch so stark sein das es zu schwerwiegenden Erdrutschen, Schichtfluten und Überschwemmungen kommt.

4. Schlusswort

Betrachtet man sämtliche grundsätzlichen Charakterzüge des karibischen Klimas, erkennt man dass die Hauptsaison für den Tourismus nicht umsonst zwischen den Monaten Dezember bis April liegt. Mal ganz abgesehen davon dass diese Monate in den gemäßigten Breiten der USA und Europas, aus denen die stärksten Touristenströme verzeichnet werden, äußerst nass und kalt sind und von vielen als äußerst unangenehm empfunden wird. Die Regenwahrscheinlichkeit geht in diesen Monaten in der Karibik sehr stark zurück, die Temperaturen sind weiterhin hoch bzw. ein paar Grad geringer, was bei den Temperaturen der Karibik sicherlich als angenehm bewertet werden kann. Zudem ist auch der Dampfdruck etwas geringer und somit der Schwülestress zumindest etwas erträglicher. Und, ja die große Gefahr der Hurrikane liegt völlig außerhalb der Touristensaison. Wer also darauf hofft einmal ein Hurrikane zu Gesicht zu bekommen sollte dann vielleicht doch lieber in der Regenzeit in den oben genannten Monaten in die entsprechenden Gebiete der Karibik fliegen und sich, bei einer durchschnittlichen Menge von fünf Hurrikanen pro Jahr, die sich irgendwo im Raum der Karibik befinden, mehrere Jahre Zeit nehmen.

Literaturverzeichnis

Bendure, G. / Friary, N. (1995): Karibik-Handbuch Kleine Antillen, Verlag Gisela E. Walther, Bremen 1995

Langenbrinck, U. / Pinck, A. (2001): Große Antillen, DuMont Buchverlag, Köln 2001

Pinck, A. (1999): Barbados, St. Lucia, St. Vincent, Grenada, DuMont Buchverlag, Köln 1999

Paffen KH / Troll, C (1968): Jahreszeitenklimate der Erde, Kartenbearbeitung in Unsere Welt – Atlas, 4. Aufl., Geographische Verlagsgesellschaft Velhagen & Klasing und Hermann Schroedel GmbH & Co KG, Berlin 1974

Troll, C. (1955): Karte der Jahreszeitenklimate der Erde, Band XVIII, Geomedizinische Forschungsstelle der Heidelberger Akademie der Wissenschaften, Heidelberg 1963

Weischet, W. (1996): Regionale Klimatologie Teil 1, Die Neue Welt, Teubner Studienbücher der Geographie, Stuttgart 1996

http://www.geographie-diplom.de/Texte/Physisch/klima4.htm.01.07.04
http://www.geographie-diplom.de/Texte/Klausurfragen/physisch7. 24.06.04
http://www.m-forkel.de/klima.html.01.07.04

BEI GRIN MACHT SICH IHR WISSEN BEZAHLT

- Wir veröffentlichen Ihre Hausarbeit, Bachelor- und Masterarbeit

- Ihr eigenes eBook und Buch - weltweit in allen wichtigen Shops

- Verdienen Sie an jedem Verkauf

Jetzt bei www.GRIN.com hochladen und kostenlos publizieren

Christa Harlander

Paul Klee "Hommage à Picasso" - eine Analyse

GRIN Verlag

Bibliografische Information der Deutschen Nationalbibliothek:

Die Deutsche Bibliothek verzeichnet diese Publikation in der Deutschen National-
bibliografie; detaillierte bibliografische Daten sind im Internet über http://dnb.d-
nb.de/ abrufbar.

Impressum:

Copyright © 2002 GRIN Verlag GmbH
Druck und Bindung: Books on Demand GmbH, Norderstedt Germany
ISBN: 978-3-640-86487-4

Dieses Buch bei GRIN:

http://www.grin.com/de/e-book/10572/paul-klee-hommage-a-picasso-eine-analyse

Paul Klee - Hommage à Picasso

von

Christa Harlander

<u>Paul Klee - Hommage à Picasso</u>

Referentin: Christa Harlander

Datum des Referates: 19.4.2002

Das Referat wurde von der Verfasserin im Sommersemester 2002 an der <u>Universität Wien</u> im Rahmen des kunstgeschichtlichen <u>Proseminars "Paul Klee"</u> gehalten und mit der Note 2 (=gut) bewertet.

Einleitung

Das Thema dieses Referates ist Paul Klees "**Hommage à Picasso**", ein Ölbild (Öl auf Karton) im Format 38 x 30cm, welches im Jahr 1914 entstand und sich heute in einer Privatsammlung befindet.

Zunächst werde ich Thema und Komposition des Bildes erläutern und anschließend die Einflüsse aufzeigen, die von der "Hommage à Picasso" reflektiert werden und den künstlerischen Entwicklungsweg Paul Klees - auch im Hinblick auf spätere Werke - geprägt haben. Im Vordergrund der Ausführungen wird die Auseinandersetzung Klees mit dem Kubismus und den Werken Robert Delaunays stehen. Zum Schluß möchte ich noch der Frage nach Gemeinsamkeiten zwischen dem künstlerischen Schaffen Klees und dem Picassos nachgehen.

Bildinhalt und Komposition

Das Thema des Bildes ist durch den Titel eindeutig benannt; die "Hommage à Picasso" ist allerdings weder ein Zitat eines bestimmten Werkes von Picasso (jedenfalls keines der mir bekannten Werke), noch ist sie ein Portrait des Künstlers, wie etwa jene "**Hommage à Picasso**", die **Juan Gris** im Jahr 1912 ma_te.

Die Komposition des Bildes besteht aus farbigen Rechtecken und Quadraten unterschiedlicher Größe. Dieses "Kästchengeflecht" verweist zusammen mit dem Titel des Werkes auf eine

Auseinandersetzung des Malers mit dem Kubismus und den Künstlern dieser Stilrichtung. Zusätzlich erinnert auch die annähernd ovale Bildform an kubistische Werke, wie sie Georges Braque und Pablo Picasso ab 1911 - jedoch meist in größeren Formaten - schufen. Ein Beispiel hierfür ist Picassos "**Stilleben mit einem Korbstuhl**" von 1912.

Ein weiterer Aspekt, der ebenfalls als Einfluß der kubistischen Kunst gedeutet werden kann, ist die Beschaffenheit der Bildoberfläche der "Hommage à Picasso": diese ist nicht glatt, sondern hat eine unregelmäßige Textur. Erzeugt werden solche Texturen beispielsweise, indem der Farbe Materialien, wie Sand oder Sägespäne beigemengt werden oder indem dicke Farbschichten mit verschiedenen Geräten und Techniken bearbeitet werden. Durch "Kämmen" der nassen Farbe hat zum Beispiel Picasso in seinem 1911 entstandenen Werk "**Der Poet**" die Oberfläche der Haare und des Bartes gestaltet.

Während Picasso seine Texturen - so wie im Bild "Der Poet" - meist selektiv und kompositorisch verwendete und in Beziehung zur Farbe setzte, hat Klee in seiner "Hommage à Picasso" die Textur auf die gesamte Bildoberfläche und ohne Zusammenspiel mit dem Farbnetz angewendet. Auch in einem anderen Werk von 1914 hat Klee eine Textur in dieser generellen Art eingesetzt, nämlich in seinem "**Teppich der Erinnerung**".

Ein Gegensatz zu Picassos kubistischen Kompositionen besteht auch darin, dass dieser immer von einer gegebenen Form ausging, die er zerlegte und umformte, um dann aus ihren Bruchstücken etwas Neues aufzubauen; die geometrischen Farbflächen in Klees "Hommage" sind hingegen nicht gegenstandsgebunden: eine kubistische Gegenstandsanalyse ist in diesem Werk offenbar nicht zum Tragen gekommen.

Die Komposition der "Hommage à Picasso" erinnert jedoch auch an Werke von Robert Delaunay, vor allem an die Farbfeldmalerei und die Bildstruktur seiner Fensterbilder .
Ein Beispiel für diese Werkgruppe Delaunays ist "**Fenster simultan geöffnet, 1.Teil, 3. Motiv**" aus dem Jahr 1912.

Im Hinblick auf die festgestellten kubistischen Elemente und Tendenzen in der "Hommage à Picasso" möchte ich nun näher auf die Entwicklung von Klees Beziehung zum Kubismus eingehen.

Paul Klee und der Kubismus

Eine wichtige Rolle für Klees Bekanntschaft mit dem Kubismus spielte der "Blaue Reiter", eine Künstlervereinigung in München, mit der Klee erstmals 1911 in Berührung kam. Diese Gruppe, die sich um Franz Marc und Wassily Kandinsky entwickelt hatte, pflegte Kontakte zu internationalen, vor allem aber zu französischen Künstlern. So waren bei der ersten Ausstellung des "Blauen Reiter", welche von Dezember 1911 bis Jänner 1912 in der Galerie Thannhauser in München stattfand, auch fünf Werke des Franzosen Robert Delaunay zu sehen, unter anderem sein "**Eiffelturm**" von 1910. Klee schrieb zu dieser Ausstellung eine Rezension für das Berner Kunst- und Literaturjournal "Die Alpen".

Mit eigenen Werken (17 Stück) beteiligte er sich erst an der zweiten und letzten Ausstellung des "Blauen Reiters" im Februar 1912 in der Kunsthandlung Goltz in München. Insgesamt wurden damals über 300 Graphiken und Aquarelle von etwa 30 internationalen Künstlern gezeigt und Klee hatte wiederum Gelegenheit kubistische Werke zu sehen, unter anderem von Pablo Picasso, Georges Braque, Robert Delaunay und André Derain.

Wie Klee in seinem Tagebuch vermerkte, weckte die zweite "Blaue-Reiter"-Ausstellung sein Interesse, "sich wieder einmal in Paris ein wenig umzusehen".[1] Dieses Vorhaben realisierte er im April 1912. In verschiedenen Pariser Galerien lernte Klee weitere Arbeiten von Picasso, Braque und anderen Kubisten kennen. Die bereits erwähnte "Hommage à Picasso" von Juan Gris konnte er damals ebenfalls sehen. Während seines Aufenthaltes machte Klee außerdem die persönliche Bekanntschaft mit Robert Delaunay; dieser experimentierte zu jener Zeit gerade intensiv mit der Farbe. Klee war beeindruckt von Delaunays Arbeiten, besonders von den schon genannten "Fensterbildern", zu denen zum Beispiel das Werk "**Die simultanen Fenster**" aus dem Jahr 1912 gehört.

Während die durchleuchteten Farbkompositionen Delaunays - die vom Dichter Apollinaire als "Orphischer Kubismus" bezeichnet wurden - sofort Klees Anerkennung fanden, stand er anderen Ausprägungen des Kubismus anfangs eher skeptisch gegenüber: In einem Artikel über die Ausstellung des "Modernen Bundes" in Zürich, der 1912 in der Zeitschrift "Die Alpen" veröffentlicht wurde[2], vertrat Klee die Meinung, dass es zwar möglich wäre, Landschaften umzuformen und ihre Proportionen zu verändern, da diese in der Folge trotzdem noch Landschaften blieben, während Menschen und Tiere durch eine solche Transformation in ihrem Wesen verändert würden und ihre Lebensfähigkeit verloren ginge.

Weiters warf er dem Kubismus wörtlich "Zerstörung, der Konstruktion zuliebe" und "Gleichgültigkeit dem Gegenstand gegenüber" vor. Diese Kritik wäre zum Beispiel auch auf Picassos "**Mädchen mit Mandoline**" von 1910 anzuwenden.

Delaunay hatte nach Klees Ansicht diese von ihm beanstandeten Aspekte vermieden, indem er "den Typus eines selbständigen Bildes schuf, das ohne Motive aus der Natur ein ganz abstraktes Formdasein führt"[2]. Als Beispiel hierzu führte Klee eines von Delaunays Fensterbildern ("Fensteraussicht, zweites Motiv, erster Teil") an.

1913 übersetzte Klee Delaunays Aufsatz "Über das Licht" für die Berliner Zeitschrift "Der Sturm". Delaunays Theorien über Licht, Farbe und Bewegung waren Klees Gedanken offenbar ähnlich. Schon im Jahr 1910 hatte er nämlich in seinem Tagebuch vermerkt: "Licht mit Helligkeit darstellen ist alter Schnee. Licht als Farbbewegung schon etwas neuer."[3]

Klee hatte über den Umgang mit der Farbe lange Zeit hindurch zwar bestimmte Vorstellungen im Kopf, aber das Ergebnis seiner Versuche, diese Ideen in seinen Bildern visuell umzusetzen, befriedigte ihn zunächst nicht. Vor allem schien es ihm Schwierigkeiten zu bereiten, Motive aus der Natur in eigengesetzliche Farbkompositionen zu übertragen, was er im März 1910 in seinem Tagebuch folgendermaßen kommentierte: "Und nun noch eine ganz revolutionäre Entdeckung: Wichtiger als die Natur und ihr Studium ist die Einstellung auf den Inhalt des Malkastens. Ich muß dereinst auf dem Farbklavier der nebeneinander stehenden Aquarellnäpfe frei phantasieren können."[4]

Erst auf seiner Reise nach Tunis, die Klee im Jahr 1914 gemeinsam mit Moilliet und Macke unternahm, fand er den ersehnten Zugang zur Farbe und fühlte sich endlich in seiner Berufung zum Maler bestätigt. Diesen künstlerischen Entwicklungsschritt hielt er auch in folgender, oft zitierter Eintragung in sein Tagebuch fest: "Die Farbe hat mich. Ich brauche nicht mehr nach ihr zu haschen. Sie hat mich für immer, ich weiß das. Das ist der glücklichen Stunde Sinn: ich und die Farbe sind eins. Ich bin Maler."[5]

Durch seinen Reisegefährten August Macke ist im Laufe der Reise vielleicht auch der Einfluß Delaunays auf Klees Werke verstärkt worden. Macke hatte schon im Winter vor der Reise Erkenntnisse aus der Auseinandersetzung mit Delaunays Werk und Theorie in seinen eigenen Bildern umgesetzt. Es ist nicht unwahrscheinlich, dass Klee und Macke, die damals auch häufig dieselben Sujets gemalt haben, in Tunis auch über die Kunst Delaunays diskutiert haben.

Noch während der Reise malte Klee eine Reihe von Aquarellen, in denen sowohl das tunesische Erlebnis von Licht und Farbe zum Tragen kommt, als auch Einflüsse von Delaunay zu finden sind, wie etwa dessen schachbrettartige, rationale Bildanlage oder auch sein Einsatz von Farbe und Licht. Ein Beispiel dafür ist das Werk "**Vor den Toren von Kairouan**", das am Tag von Klees erwähnter Tagebucheintragung entstand.

Wieder in München verarbeitete Klee seine neuen Erkenntnisse auch zu abstrakteren Werken; zu diesen gehört unter anderen das Aquarell: "**Im Stil von Kairouan, ins Gemässigte übertragen**".

Die beiden eben genannten Werke ("Vor den Toren von Kairouan" und "Im Stil von Kairouan"), haben auf den ersten Blick wenig Ähnlichkeit miteinander, verdeutlichen aber Klees schrittweise Steigerung der Abstraktion: zunächst malte er ein Aquarall, das sich noch relativ eng an das Naturvorbild hielt und im nächsten Arbeitsgang löste er sich vom Gegenstand.

Das Aquarell "Im Stil von Kairouan" zeigt mit seinem Netz aus geometrischen Formen (also mit seinen kleinen und großen Rechtecken) und der Farbverteilung überdies eine Verwandschaft mit der "Hommage à Picasso", die auch nach der Tunisreise entstand. Insgesamt schuf Klee im Jahr 1914 52 Werke, deren Titel sich direkt auf die Tunisreise beziehen.

Nicht nur das Erleben der Farbe in Tunis war für Klees weiteres Schaffen grundlegend, sondern auch *einzelne* Themen und Elemente, die von dieser Reise herrühren, tauchen später immer wieder in Klees Werken auf, wie zum Beispiel bizarre Pflanzen, Kuppeln oder der Mond.

Anhand einiger Beispiele möchte ich nun aufzeigen, wie die dargelegten Einflüsse auch noch nach 1914 weiterwirkten:

Eines der nach 1914 entstandenen Werke, in dem sich Anklänge an die kubistische Malerei und besonders an die simultanen Farbkontraste Delaunays zeigen, ist Klees "**Städtebild mit rot-grünen Accenten**" us dem Jahr 1921: Die Strukturprinzipien der "Hommage à Picasso" scheinen in diesem Bild systematisch weiterentwickelt und um inhaltliche Assoziationen bereichert worden zu sein. Durch die Kombination von Flächen und Farben wird in diesem Bild die Vorstellung einer Stadt hervorgerufen.

Die Komposotion beruht auf der streifenartigen Anordnung von geometrischen Figuren, die jedoch - wie auch die Rechtecke in der "Hommage" - ineinandergreifen und damit das klare Raster verschleifen. Wie bei den Flächen- und Farbkompositionen, die Klee auf der Tunisreise angefertigt hat, werden die Akzente in diesem Bild nicht von den Flächen sondern von den Farben gesetzt.

Aus noch späterer Zeit, nämlich aus dem Jahr 1934, stammt Klees "**Bergdorf (herbstlich)**". ei diesem Werk wurde ein Raumthema in flächige Formen übersetzt, welche ineinandergreifen und Häuser und Plätze suggerieren. Man hat den Eindruck, Aufrisse und Grundrisse gleichzeitig zu sehen. Das Bild wird von den Farben und vom Rhythmus der Formen beherrscht - zusammen mit den verschränkten geometrischen Formen erinnert auch diese Komposition wieder an kubistische Werke, insbesonders an die von Delaunay.

Auf Klees Auseinandersetzung mit dem Kubismus und auf die Tunisreise verweisen aber auch seine sogenannten "Quadratbilder". Bei diesen Werken, wie zum Beispiel "**Alter Klang**" von 1925, handelt es sich um Kompositionen aus quadratischen und rechteckigen Feldern von unterschiedlicher Größe und in farbigen Abstufungen. Das "Schachbrettmuster" hatte in den meisten Tunis-Aquarellen, aber auch zum Beispiel im Werk "<u>Rote und weiße Kuppeln</u>" von 1914, noch einen gegenständlichen Bezug; ab 1923 entstanden jedoch Quadratbilder ohne jegliche gegenständliche Anspielung. Auf den ersten Blick wirken die Quadratbilder vielleicht statisch, doch bei näherer Betrachtung wird durch die Farbwirkung, die sich von dunklen Farben zu hellen, leuchtenden Farben stark steigert, Bewegung suggeriert.

Die Einflüsse, die erstmals 1914 in Werken wie der "Hommage à Picasso" kumuliert sind, wirkten also offenbar noch viele Jahre in Klees Kunst weiter. Am stärksten dürfte auf Klee zwar der "orphische Kubismus" Delaunays gewirkt haben, aber auch eine Auseinandersetzung mit Picasso - der ja mit Georges Braques zusammen Begründer der kubistischen Stilrichtung war - läßt sich nicht abstreiten.

Zum Abschluß möchte ich daher nun noch kurz der Frage nachgehen, inwieweit sich im schöpferischen Prozess von Paul Klee und Pablo Picasso - die einander übrigens erst 1937 persönlich kennenlernten - Gemeinsamkeiten feststellen lassen.

Der schöpferische Prozess von Paul Klee und Pablo Picasso im Vergleich

In seinem Buch "Paul Klee. Jahre der Meisterschaft, 1917-1933" schreibt Roland Doschka zu diesem Thema: "Was beide verbindet ist, dass sie die Möglichkeiten des Bildnerischen in einem Maße erweitert haben, wie wenige Künstler vor ihnen. Klee und Picasso sind die großartigsten Bilderfinder des 20. Jahrhunderts. Durch die Anregungen, die sie den nachfolgenden Künstlergenerationen gaben, wurden sie zu Schrittmachern der Moderne." [6]
Dieser Meinung ist vermutlich nicht nur der Doschka, aber wie sieht es mit konkreten, objektiven Parallelen aus?

Schon ein oberflächlicher Blick auf das Oeuvre der beiden Künstler bringt eine Gemeinsamkeit ans Licht: sowohl bei Klee, als auch bei Picasso kann man - vor allem im Spätwerk - eine ausgeprägte serielle Schaffensweise feststellen. Zudem haben beide Künstler die Enstehung ihrer Werke genau protokolliert und Paul Klee hat seine Arbeiten seit 1911 sogar katalogisiert.

Offensichtlich ist auch, dass das Werk beider Künstler durch große Stilvielfalt gekennzeichnet ist, wobei sowohl bei Paul Klee als auch bei Picasso am Beginn ihrer künstlerischen Laufbahn die figurativen Bilder standen. Im Gegensatz zu Picasso hat Klee aber keine Kunstströmung begründet und trat auch nicht als Verfechter eines bestimmten Stils auf. Andererseits hat er aber auch nicht einfach verschiedene Elemente unterschiedlicher Stilrichtungen zu einem Gemisch zusammengefügt, sondern bemühte sich um eine eigene Gestaltungskonzeption. In seinem Tagebuch findet man hierzu folgende Eintragung aus dem Frühjahr 1911: "Die Bewegung meiner Produktion geht je länger je weniger lustig nach einer ausgesprochenen Richtung. Gegenwärtig aber scheint etwas Neues aus diesem Fluß zu werden: er weitet sich zum See. Hoffentlich fehlt ihm nicht die entsprechende Tiefe." [7]

Während Picasso, der schon als Kind gelernt hatte, exakt nach der Natur zu zeichnen, ziemlich bald und scheinbar relativ mühelos eine große handwerkliche Präzision erreichte, vollzog sich die künstlerische Entwicklung bei Klee langsamer und verlief nicht immer sofort zu seiner Zufriedenheit - wie man am Beispiel seiner jahrelangen intensiven Bemühungen um die Beherrschung der Farbe sieht.

Wie wir schon im Hinblick auf Klees "Hommage à Picasso" festgestellt haben, ging Picasso bei seinen Werken - im Gegensatz zu Klee - stets vom Gegenstand aus und blieb beim Gegenstand - auch wenn er eine Figur malte. In seinem schöpferischen Prozess spielen unter anderem die Begriffe Widerspruch, Zerstörung und Verwandlung häufig eine Rolle. Picasso zerlegte und deformierte Gegenstände, um aus ihren Bruchstücken eine neue Wirklichkeit aufzubauen. Schon 1905 hatte er begonnen, das traditionelle Bildgefüge in Frage zu stellen, aber erst 1908 befreite er sich davon; damals schuf er seine "Les Demoiselles d'Avignon".

Wie aus Paul Klees "Schöpferische Konfession" aus dem Jahr 1916 hervorgeht, sah er die Kunst als Gleichnis der Schöpfung. Den Entstehungsprozess des Bildes beschreibt er als "eine kleine Reise ins Land der besseren Erkenntnis".[8] Diese Reise begann bei ihm an einem "toten Punkt", das heißt Klee ging von einem Nullpunkt aus und nicht - wie Picasso - von einem

Gegenstand. Der Bildgegenstand war für Klee offenbar nur eine von mehreren Komponenten der Form, die er einsetzen konnte, um etwas bestimmtes auszudrücken. Allerdings mied er den Gegenstand nicht prinzipiell - ein rein abstrakter Maler war Klee nie.

Klee interessierte sich für die Außen- und Innenwelt des Menschen sowie für die Ursachen und die Gesetzmäßigkeiten der kosmischen und irdischen Vorgänge. Ebenfalls aus seiner "Schöpferische Konfession" stammt der Ausspruch: "Kunst gibt nicht das Sichtbare wieder, sondern macht sichtbar." [9]

In der Literatur wird Klee meist als lyrischer, eher in sich gekehrter Künstler beschrieben, der hinter seinem Werk zurücktritt. Für Picasso findet man dagegen häufig die Charakterisierung als extrovertierten Egozentriker, der sein Atelier zu seiner Bühne macht. Dass Picasso eine Vorliebe für Dramatik hatte, legt unter anderem seine Aussage nahe, wonach ihm in der rein abstrakten Malerei die Dramatik fehle. Ein Beispiel für die Dramaik in Picassos Werken ist etwa seine berühmte "**<u>Guernica</u>**" von 1937.

Auch die schriftlichen Nachlässe der beiden Künstler, unterstützen eine Unterscheidung in "Dramatiker" und "Lyriker'. So hat Klee - abgesehen von seinen umfangreichen theoretischen Schriften zur Kunst und seinen Tagebüchern - etliche Gedichte geschrieben. Auch Pablo Picasso hat sich im Schreiben versucht; er schuf das surrealistische, gegen den Faschismus gerichtete Drama "Wie man die Wünsche beim Schwanz packt", welches 1944 in Form einer Lesung uraufgeführt wurde

Diese Sichtweise (lyrisch - dramatisch) kann man sicher nicht auf alle Werke und Schaffensperioden der beiden Künstler anwenden und ist sicher nur einer von vielen möglichen Ansatzpunkten zum Vergleich des umfangreichen Werkes der beiden Künstler.
Dennoch möchte ich zum Abschluß dieser Arbeit noch Alfred Barr, einen ehemaligen Direktor des New York Museum of Modern Art, zitieren, der im Vorwort zu einer Klee-Ausstellung von 1941 meinte: "Nicht einmal Picasso erreicht seinen schieren Erfindungsgeist. Auch in der Vorstellungskraft kann er sich mit Picasso messen; aber Picasso ist natürlich viel kraftvoller. Picassos Bilder brüllen oder stampfen oder stoßen oftmals; Klees Bilder führen ein flüsterndes Selbstgespräch - lyrisch intim, von unberechenbarer Empfindsamkeit".

Quellenangaben, Literatur

Anmerkungen:

[1] aus Paul Klee, "Tagebücher 1898-1918", 1957, Dumont-Verlag, Köln, Eintragung 1912/908

[2] aus Paul Klee, "Kunst-Lehre", 1995, Reclam-Verlag, Leipzig, Klees Aufsatz über "Die Ausstellung des Modernen Bundes in Zürich", S50 ff.

[3] aus Paul Klee, "Tagebücher 1898-1918", 1957, Dumont-Verlag, Köln, Eintragung 1910/885

[4] aus Paul Klee, "Tagebücher 1898-1918", 1957, Dumont-Verlag, Köln, Eintragung 1910/873

[5] aus Paul Klee, "Tagebücher 1898-1918", 1957, Dumont-Verlag, Köln, Eintragung 1914/926

[6] aus Roland Doschka, "Paul Klee - Jahre der Meisterschaft 1917-1933", 2001, Prestel-Verlag, München

[7] aus Paul Klee, "Tagebücher 1898-1918", 1957, Dumont-Verlag, Köln, Eintragung 1911/899

[8] aus Paul Klee, "Kunst-Lehre", 1995, Reclam-Verlag, Leipzig, Klees "Schöpferische Konfession", S 60 ff.

[9] aus Paul Klee, "Kunst-Lehre", 1995, Reclam-Verlag, Leipzig, Klees "Schöpferische Konfession", S 60 ff.

Sonstige verwendete Literatur:

- G. Di San Lazzaro, "Paul Klee, Leben und Werk", 1957, Droemer-Verlag, München
- Susanna Partsch, "Paul Klee", 1999, Taschen-Verlag, Köln
- Ina Conzen (Herausgeber), "Picasso.Klee.Giacometti - Die Sammlung Steegmann", 1998, Verlag Gerd Hatje und Staatsgalerie Stuttgart
- Magdalena M. Moeller (Herausgeber), "Der Blaue Reiter und seine Künstler", 1998, Hirmer-Verlag, München
- Roland Doschka, "Paul Klee - Jahre der Meisterschaft 1917-1933", 2001, Prestel-Verlag, München
- Carola Giedion-Wecker, "Paul Klee", 1990, Rowohlt-Verlag
- Jim Jordan, "Paul Klee and Cubism", 1984, Princeton University Press
- Paul Klee, "Kunst-Lehre", 1995, Reclam-Verlag, Leipzig
- Paul Klee, "Tagebücher 1898-1918", 1957, Dumont-Verlag, Köln

Verzeichnis der im Referat genannten Bilder:

- Paul Klee, Hommage à Picasso, 1914, Öl auf Karton, 38x30cm, Privatsammlung
- Juan Gris, Hommage à Picasso, 1912, Öl auf Leinwand, 92,5x73,8cm, Kunstinstitut Chicago
- Pablo Picasso, Stilleben mit einem Korbstuhl, 1912, Öl auf Leinwand und Stoffapplikation, 29x37cm, Privatsammlung
- Pablo Picasso, Der Poet, 1911; Öl auf Leinwand, 131,2 x 89,5 cm; Peggy Guggenheim Collection, Venedig
- Paul Klee, Teppich der Erinnerung, 1914, Öl über kreide-und ölgrundiertem Leinen auf Karton, 40,2x51,8cm Paul Klee-Stiftung, Kunstmuseum Bern

- Robert Delaunay, Fenster simultan geöffnet, 1. Teil, 3. Motiv, 1912, Öl auf Leinwand, 57x123cm, Peggy Guggenheim Collection, Venedig
- Robert Delaunay, Eiffelturm, 1910, Öl auf Leinwand, 195,5 x 129 cm, Kunstmuseum Basel
- Robert Delaunay, Die simultanen Fenster, 1912, Öl auf Leinwand, 46 x 40 cm, Hamburger Kunsthalle
- Pablo Picasso, Mädchen mit Mandoline, 1910, Öl auf Leinwand, 100,3 x 73,6 cm, The Museum of Modern Art, New York
- Paul Klee, Vor den Toren von Kairuan, 1914, Aquarell, 20,7x31,5cm, Paul Klee-Stiftung, Kunstmuseum Bern
- Paul Klee, Im Stil von Kairouan, ins Gemässigte übertragen, 1914, Aquarell auf Ingres auf Karton, 12,3x19,5cm, Paul Klee-Stiftung, Kunstmuseum Bern
- Paul Klee, Städtebild mit rot-grünen Accenten, 1921, Öl, Gaze, gipsgrundiert auf Karton, 44x43,5cm, Sammlung Dr. Steegmann, Köln
- Paul Klee, Bergdorf (herbstlich), 1934, Öl, weißgrundiert, Eianstrich, auf Sperrholz, 71,5x54,4cm, Sammlung Rosengart, Luzern
- Paul Klee, Alter Klang, 1925, Öl auf Karton, 38x38cm, Öffentliche Kunstsammlung, Basel
- Pablo Picasso, Guernica, 1937, Öl auf Leinwand, Museo del Prado, Madrid